《大气污染防治行动计划》
《水污染防治行动计划》精编
《土壤污染防治行动计划》

启智工作室　编

中国环境出版集团·北京

图书在版编目（CIP）数据

《大气污染防治行动计划》《水污染防治行动计划》《土壤污染防治行动计划》精编/启智工作室编. —北京：中国环境出版集团，2016.11（2019.5 重印）

ISBN 978-7-5111-2957-4

Ⅰ. ①大… Ⅱ. ①齐… Ⅲ. ①空气污染—污染防治－中国②水污染防治－中国③土壤污染—污染防治－中国 Ⅳ. X5

中国版本图书馆 CIP 数据核字（2016）第 275963 号

出 版 人 武德凯
责任编辑 曹 玮
责任校对 尹 芳
封面设计 宋 瑞

出版发行 中国环境出版集团
（100062 北京东城区广渠门内大街 16 号）
网 址：http://www.cesp.com.cn
电子邮箱：bjgl@cesp.com.cn
联系电话：010-67112765（编辑管理部）
010-67113412（第二分社）
发行热线：010-67125803，010-67113405（传真）

印 刷 北京中科印刷有限公司
经 销 各地新华书店
版 次 2016 年 11 月第 1 版
印 次 2019 年 5 月第 6 次印刷
开 本 787×1092 1/32
印 张 1
字 数 16 千字
定 价 3.00 元

前　言

2013 年 9 月，国务院印发《大气污染防治行动计划》；2015 年 4 月，国务院印发《水污染防治行动计划》；2016 年 5 月，国务院印发《土壤污染防治行动计划》。三个“十条”的陆续发布，彰显了国家落实生态优先、绿色发展的决心，开启了以改善生态环境质量为核心、打响三大战役的战略布署。

三个“十条”是我国推进大气、水、土壤污染防治的纲领性文件，是全社会环保行动的顶层设计，它不仅详细地规定了各个部门的责任分工，也对企业和公众在环境保护防治方面应采取的具体措施进行了细致的阐述。这将做为我国未来相当长时期内环境污染防治的重要行动纲要。对三个“十条”的宣传也将是环保宣传的重中之重，为了让广大公众较为快捷地把握文件精神和内涵，我们对三个“十条”的重要内容进行了浓缩和精编，以供大家学习、宣传使用。

由于时间比较仓促，内容精简不当之处，敬请读者批评指正。

启智工作室

2016 年 11 月

目　录

大气污染防治行动计划

国发〔2013〕37号

大气环境保护事关人民群众根本利益，事关经济持续健康发展，事关全面建成小康社会，事关实现中华民族伟大复兴中国梦。当前，我国大气污染形势严峻，以可吸入颗粒物（PM_{10}）、细颗粒物（$PM_{2.5}$）为特征污染物的区域性大气环境问题日益突出，损害人民群众身体健康，影响社会和谐稳定。随着我国工业化、城镇化的深入推进，能源资源消耗持续增加，大气污染防治压力继续加大。为切实改善空气质量，制定本行动计划。

总体要求：以邓小平理论、“三个代表”重要思想、科学发展观为指导，以保障人民群众身体健康为出发点，大力推进生态文明建设，坚持政府调控与市场调节相结合、全面推进与重点突破相配合、区域协作与属地管理相协调、总量减排与质量改善相同步，形成政府统领、企业施治、市场驱动、公众参与的大气污染防治新机制，实施分区域、分阶段治理，推动产业结构优化、科技创新能力增强、经济增长质量提高，实现环境效益、经济效益与社会效益多赢，为建设美丽中国而奋斗。

奋斗目标：经过五年努力，全国空气质量总体改善，重污染天气较大幅度减少；京津冀、长三角、珠三角等区域空气质量明显好转。力争再用五年或更长时间，逐步消除重污染天气，全国空气质量明显改善。

具体指标：到2017年，全国地级及以上城市可吸入颗粒物浓度比2012年下降10%以上，优良天数逐年提高；京津冀、长三角、珠三角等区域细颗粒物浓度分别下降25%、20%、15%左右，其中北京市细颗粒物年均浓度控制在60微克/立方米左右。

一、加大综合治理力度，减少多污染物排放

（一）加强工业企业大气污染综合治理。全面整治燃煤小锅炉，加快重点行业脱硫、脱硝、除尘改造工程建设，推进挥发性有机物污染治理。京津冀、长三角、珠三角等区域要于2015年底前基本完成燃煤电厂、燃煤锅炉和工业窑炉的污染治理设施建设与改造，完成石化企业有机废气综合治理。

（二）深化面源污染治理。综合整治城市扬尘，开展餐

饮油烟污染治理。

（三）强化移动源污染防治。加强城市交通管理，提升燃油品质，加快石油炼制企业升级改造，加强机动车环保管理，加快推进低速汽车升级换代，大力推广新能源汽车。

二、调整优化产业结构，推动产业转型升级

（四）严控“两高”行业新增产能。修订高耗能、高污染和资源性行业准入条件，明确资源能源节约和污染物排放等指标。

（五）加快淘汰落后产能。结合产业发展实际和环境质量状况，进一步提高环保、能耗、安全、质量等标准，分区域明确落后产能淘汰任务，倒逼产业转型升级。

（六）压缩过剩产能。加大环保、能耗、安全执法处罚力度，建立以节能环保标准促进“两高”行业过剩产能退出的机制。

（七）坚决停建产能严重过剩行业违规在建项目。地方人民政府要加强组织领导和监督检查，坚决遏制产能严重过剩行业盲目扩张。

三、加快企业技术改造，提高科技创新能力

（八）强化科技研发和推广。加强灰霾、臭氧的形成机

理、来源解析、迁移规律和监测预警等研究，为污染治理提供科学支撑。加强脱硫、脱硝、高效除尘、挥发性有机物控制、柴油机（车）排放净化、环境监测，以及新能源汽车、智能电网等方面的技术研发

（九）全面推行清洁生产。到 2017 年，重点行业排污强度比 2012 年下降 30%以上。减少生产和使用过程中挥发性有机物排放，减少化肥施用过程中氨的排放。

（十）大力发展循环经济。鼓励产业集聚发展，实施园区循环化改造。

（十一）大力培育节能环保产业。着力把大气污染治理的政策要求有效转化为节能环保产业发展的市场需求，促进重大环保技术装备、产品的创新开发与产业化应用。

四、加快调整能源结构，增加清洁能源供应

（十二）控制煤炭消费总量。制定国家煤炭消费总量中长期控制目标，实行目标责任管理。京津冀、长三角、珠三角等区域新建项目禁止配套建设自备燃煤电站。

（十三）加快清洁能源替代利用。加大天然气、煤制天然气、煤层气供应。制定煤制天然气发展规划，加快煤制天然气产业化和规模化步伐。积极有序发展水电，到 2017 年，运行核电机组装机容量达到 5 000 万千瓦，非化石能源

消费比重提高到 13%。京津冀区域城市建成区、长三角城市群、珠三角区域要加快现有工业企业燃煤设施天然气替代步伐。

（十四）推进煤炭清洁利用。提高煤炭洗选比例，到 2017 年，原煤入选率达到 70%以上。禁止进口高灰份、高硫份的劣质煤炭，限制高硫石油焦的进口。扩大城市高污染燃料禁燃区范围，逐步由城市建成区扩展到近郊。

（十五）提高能源使用效率。严格落实节能评估审查制度。京津冀、长三角、珠三角等区域，新建高耗能项目单位产品（产值）能耗要达到国际先进水平。积极发展绿色建筑，政府投资的公共建筑、保障性住房等要率先执行绿色建筑标准。推进供热计量改革，新建建筑和完成供热计量改造的既有建筑逐步实行供热计量收费。

五、严格节能环保准入，优化产业空间布局

（十六）调整产业布局。按照主体功能区规划要求，合理确定重点产业发展布局、结构和规模，重大项目原则上布局在优化开发区和重点开发区。在东部、中部和西部地区实施差别化的产业政策，对京津冀、长三角、珠三角等区域提出更高的节能环保要求。强化环境监管，严禁落后产能转移。

（十七）强化节能环保指标约束。提高节能环保准入门

槛，健全重点行业准入条件，公布符合准入条件的企业名单并实施动态管理。京津冀、长三角、珠三角区域以及辽宁中部、山东、武汉及其周边、长株潭、成渝、海峡西岸、山西中北部、陕西关中、甘宁、乌鲁木齐城市群等“三区十群”中的47个城市，新建火电、钢铁、石化、水泥、有色、化工等企业以及燃煤锅炉项目要执行大气污染物特别排放限值。

（十八）优化空间格局。科学制定并严格实施城市规划，强化城市空间管制要求和绿地控制要求。结合化解过剩产能、节能减排和企业兼并重组，有序推进位于城市主城区的钢铁、石化、化工、有色金属冶炼、水泥、平板玻璃等重污染企业环保搬迁、改造。

六、发挥市场机制作用，完善环境经济政策

（十九）发挥市场机制调节作用。本着“谁污染、谁负责，多排放、多负担，节能减排得收益、获补偿”的原则，积极推行激励与约束并举的节能减排新机制。分行业、分地区对水、电等资源类产品制定企业消耗定额。建立企业“领跑者”制度，对能效、排污强度达到更高标准的先进企业给予鼓励。完善绿色信贷和绿色证券政策，将企业环境信息纳入征信系统。

（二十）完善价格税收政策。根据脱硝成本，结合调整

销售电价，完善脱硝电价政策。实行阶梯式电价。推进天然气价格形成机制改革，理顺天然气与可替代能源的比价关系。完善对部分困难群体和公益性行业成品油价格改革补贴政策。适时提高排污收费标准，将挥发性有机物纳入排污费征收范围。研究将部分“两高”行业产品纳入消费税征收范围。积极推进煤炭等资源税从价计征改革。

（二十一）拓宽投融资渠道。深化节能环保投融资体制改革，鼓励民间资本和社会资本进入大气污染防治领域。地方人民政府要对涉及民生的“煤改气”项目、黄标车和老旧车辆淘汰、轻型载货车替代低速货车等加大政策支持力度。设立大气污染防治专项资金，对重点区域按治理成效实施“以奖代补”；中央基本建设投资也要加大对重点区域大气污染防治的支持力度。

七、健全法律法规体系，严格依法监督管理

（二十二）完善法律法规标准。加快大气污染防治法修订步伐，建立健全环境公益诉讼制度。研究起草环境税法草案。

（二十三）提高环境监管能力。完善国家监察、地方监管、单位负责的环境监管体制，加强对地方人民政府执行环境法律法规和政策的监督。建设城市站、背景站、区域站

统一布局的国家空气质量监测网络，加强监测数据质量管理，客观反映空气质量状况。

（二十四）加大环保执法力度。推进联合执法、区域执法、交叉执法等执法机制创新，明确重点，加大力度，严厉打击环境违法行为。

（二十五）实行环境信息公开。国家每月公布空气质量最差的 10 个城市和最好的 10 个城市的名单。各省（区、市）要公布本行政区域内地级及以上城市空气质量排名。涉及群众利益的建设项目，应充分听取公众意见。建立重污染行业企业环境信息强制公开制度。

八、建立区域协作机制，统筹区域环境治理

（二十六）建立区域协作机制。建立京津冀、长三角区域大气污染防治协作机制，通报区域大气污染防治工作进展，研究确定阶段性工作要求、工作重点和主要任务。

（二十七）分解目标任务。国务院与各省（区、市）人民政府签订大气污染防治目标责任书，将目标任务分解落实到地方人民政府和企业。

（二十八）实行严格责任追究。对未通过年度考核的，由环保部门会同组织部门、监察机关等部门约谈省级人民政府及其相关部门有关负责人，提出整改意见，予以督促。

对因工作不力、履职缺位等导致未能有效应对重污染天气的，以及干预、伪造监测数据和没有完成年度目标任务的，监察机关要依法依纪追究有关单位和人员的责任。

九、建立监测预警应急体系，妥善应对重污染天气

（二十九）建立监测预警体系。环保部门要加强与气象部门的合作，建立重污染天气监测预警体系。

（三十）制定完善应急预案。要落实责任主体，明确应急组织机构及其职责、预警预报及响应程序、应急处置及保障措施等内容。开展重污染天气应急演练。京津冀、长三角、珠三角等区域要建立健全区域、省、市联动的重污染天气应急响应体系。

（三十一）及时采取应急措施。将重污染天气应急响应纳入地方人民政府突发事件应急管理体系，实行政府主要负责人负责制。

十、明确政府企业和社会的责任，动员全民参与环境保护

（三十二）明确地方政府统领责任。地方各级人民政府对本行政区域内的大气环境质量负总责，要不断加大监管力度，确保任务明确、项目清晰、资金保障。

（三十三）加强部门协调联动。各有关部门要密切配合、协调力量、统一行动，形成大气污染防治的强大合力。

（三十四）强化企业施治。企业是大气污染治理的责任主体，要按照环保规范要求，加强内部管理，增加资金投入，采用先进的生产工艺和治理技术。

（三十五）广泛动员社会参与。环境治理，人人有责。要积极开展多种形式的宣传教育，普及大气污染防治的科学知识。

我国仍然处于社会主义初级阶段，大气污染防治任务繁重艰巨，要坚定信心、综合治理，突出重点、逐步推进，重在落实、务求实效。各地区、各有关部门和企业要按照本行动计划的要求，紧密结合实际，狠抓贯彻落实，确保空气质量改善目标如期实现。

水污染防治行动计划

国发〔2015〕17号

背景：水环境保护事关人民群众切身利益，事关全面建成小康社会，事关实现中华民族伟大复兴中国梦。当前，我国一些地区水环境质量差、水生态受损重、环境隐患多等问题十分突出，影响和损害群众健康，不利于经济社会持续发展。为切实加大水污染防治力度，保障国家水安全，制定本行动计划。

总体要求：全面贯彻党的十八大和十八届二中、三中、四中全会精神，大力推进生态文明建设，以改善水环境质量为核心，按照“节水优先、空间均衡、系统治理、两手发力”原则，贯彻“安全、清洁、健康”方针，强化源头控制，水陆统筹、河海兼顾，对江河湖海实施分流域、分区域、分阶段科学治理，系统推进水污染防治、水生态保护和水资源管理。坚持政府市场协同，注重改革创新；坚持全面依法推进，实行最严格环保制度；坚持落实各方责任，严格考核问责；坚持全民参与，推动节水洁水人人有责，形成“政府统领、企业施治、市场驱动、公众参与”的水污染防治新机制，实现环境效益、经济效益与社会效益多赢，为建设“蓝天常在、青山常在、绿水常在”的美丽中国而奋斗。

工作目标：到 2020 年，全国水环境质量得到阶段性改善，污染严重水体较大幅度减少，饮用水安全保障水平持续提升，地下水超采得到严格控制，地下水污染加剧趋势得到初步遏制，近岸海域环境质量稳中趋好，京津冀、长三角、珠三角等区域水生态环境状况有所好转。到 2030 年，力争全国水环境质量总体改善，水生态系统功能初步恢复。到本世纪中叶，生态环境质量全面改善，生态系统实现良性循环。

主要指标：到 2020 年，长江、黄河、珠江、松花江、淮河、海河、辽河等七大重点流域水质优良（达到或优于Ⅲ类）比例总体达到 70%以上，地级及以上城市建成区黑臭水体均控制在 10%以内，地级及以上城市集中式饮用水水源水质达到或优于Ⅲ类比例总体高于 93%，全国地下水质量极差的比例控制在 15%左右，近岸海域水质优良（一、二类）比例达到 70%左右。京津冀区域丧失使用功能（劣于Ⅴ类）的水体断面比例下降 15 个百分点左右，长三角、珠三角区域力争消除丧失使用功能的水体。

到2030年，全国七大重点流域水质优良比例总体达到75%以上，城市建成区黑臭水体总体得到消除，城市集中式饮用水水源水质达到或优于Ⅲ类比例总体为95%左右。

一、全面控制污染物排放

（一）狠抓工业污染防治。取缔“十小”企业，专项整治十大重点行业，集中治理工业集聚区水污染。

（二）强化城镇生活污染治理。加快城镇污水处理设施建设与改造，全面加强配套管网建设，推进污泥处理处置。

（三）推进农业农村污染防治。防治畜禽养殖污染，控制农业面源污染，调整种植业结构与布局，加快农村环境综合整治。

（四）加强船舶港口污染控制。积极治理船舶污染，增强港口码头污染防治能力。

二、推动经济结构转型升级

（五）调整产业结构。依法淘汰落后产能，严格环境准入。

（六）优化空间布局。合理确定发展布局、结构和规模，推动污染企业退出，积极保护生态空间。

（七）推进循环发展。加强工业水循环利用，促进再生水利用，推动海水利用。

三、着力节约保护水资源

（八）控制用水总量。实施最严格水资源管理，严控地下水超采。

（九）提高用水效率。建立万元国内生产总值水耗指标等用水效率评估体系，把节水目标任务完成情况纳入地方政府政绩考核；抓好工业节水，加强城镇节水，发展农业节水。

（十）科学保护水资源。完善水资源保护考核评价体系，加强江河湖库水量调度管理，科学确定生态流量。

四、强化科技支撑

（十一）推广示范适用技术。加快技术成果推广应用，重点推广饮用水净化、节水、水污染治理及循环利用、城市雨水收集利用、再生水安全回用、水生态修复、畜禽养殖污染防治等适用技术。

（十二）攻关研发前瞻技术。整合科技资源加快研发重点行业废水深度处理、生活污水低成本高标准处理、海水淡化和工业高盐废水脱盐、饮用水微量有毒污染物处理、地下水污染修复、危险化学品事故和水上溢油应急处置等技术。

（十三）大力发展环保产业。规范环保产业市场，加快发展环保服务业。

五、充分发挥市场机制作用

（十四）理顺价格税费。加快水价改革，完善收费政策，健全税收政策。

（十五）促进多元融资。引导社会资本投入，增加政府资金投入。

（十六）建立激励机制。健全节水环保“领跑者”制度，推行绿色信贷，实施跨界水环境补偿。

六、严格环境执法监管

（十七）完善法规标准。健全法律法规，加快水污染防治、海洋环境保护、排污许可、化学品环境管理等法律法规制修订步伐。制修订地下水、地表水和海洋等环境质量标准，城镇污水处理、污泥处理处置、农田退水等污染物排放标准。

（十八）加大执法力度。所有排污单位必须依法实现全面达标排放，完善国家督查、省级巡查、地市检查的环境监督执法机制。严厉打击环境违法行为，对构成犯罪的，要依法追究刑事责任。

（十九）提升监管水平。完善流域协作机制，完善水环境监测网络，提高环境监管能力。

七、切实加强水环境管理

（二十）强化环境质量目标管理。明确各类水体水质保护目标，逐一排查达标状况。对水质不达标的区域实施挂牌督办，必要时采取区域限批等措施。

（二十一）深化污染物排放总量控制。完善污染物统计监测体系，将工业、城镇生活、农业、移动源等各类污染源纳入调查范围。

（二十二）严格环境风险控制。防范环境风险，稳妥处置突发水环境污染事件。

（二十三）全面推行排污许可。依法核发排污许可证，加强许可证管理，2017 年底前，完成全国排污许可证管理信息平台建设。

八、全力保障水生态环境安全

（二十四）保障饮用水水源安全。从水源到水龙头全过程监管饮用水安全。自 2018 年起，所有县级及以上城市饮水安全状况信息都要向社会公开。强化饮用水水源环境保护，防治地下水污染。

（二十五）深化重点流域污染防治。编制实施七大重点流域水污染防治规划，研究建立流域水生态环境功能分区管理体系；加强良好水体保护。

（二十六）加强近岸海域环境保护。实施近岸海域污染防治方案。到2020年，沿海省（区、市）入海河流基本消除劣于V类的水体。提高涉海项目准入门槛。推进生态健康养殖，在重点河湖及近岸海域划定限制养殖区。严格控制环境激素类化学品污染，实施环境激素类化学品淘汰、限制、替代等措施。

（二十七）整治城市黑臭水体。直辖市、省会城市、计划单列市建成区要于2017年底前基本消除黑臭水体。

（二十八）保护水和湿地生态系统。加强河湖水生态保护，科学划定生态保护红线。保护海洋生态，严肃查处违法围填海行为，追究相关人员责任。到2020年，全国自然岸线保有率不低于35%（不包括海岛岸线）。

九、明确和落实各方责任

（二十九）强化地方政府水环境保护责任。各级地方人民政府是实施本行动计划的主体，要不断完善政策措施，加大资金投入。

（三十）加强部门协调联动。建立全国水污染防治工作协作机制，定期研究解决重大问题。

（三十一）落实排污单位主体责任。中央企业和国有企业要带头落实，工业集聚区内的企业要探索建立环保自律机制。

（三十二）严格目标任务考核。每年分流域、分区域、分海域对行动计划实施情况进行考核，将考核结果作为水污染防治相关资金分配的参考依据。对不顾生态环境盲目决策，导致水环境质量恶化，造成严重后果的领导干部，要记录在案，视情节轻重，给予组织处理或党纪政纪处分，已经离任的也要终身追究责任。

十、强化公众参与和社会监督

（三十三）依法公开环境信息。综合考虑水环境质量及达标情况等因素，国家每年公布最差、最好的10个城市名单和各省（区、市）水环境状况。

（三十四）加强社会监督。为公众、社会组织提供水污染防治法规培训和咨询，邀请其全程参与重要环保执法行动和重大水污染事件调查。公开曝光环境违法典型案件。健全举报制度，充分发挥“12369”环保举报热线和网络平台作用。限期办理群众举报投诉的环境问题，一经查实，可给予举报人奖励。通过公开听证、网络征集等形式，充分听取公众对重大决策和建设项目的意见。积极推行环境公益诉讼。（环境保护部负责）

（三十五）构建全民行动格局。树立“节水洁水，人人有责”的行为准则。加强宣传教育，把水资源、水环境保护和水情知识纳入国民教育体系，提高公众对经济社会发展和环境保护客观规律的认识。

我国正处于新型工业化、信息化、城镇化和农业现代化快速发展阶段，水污染防治任务繁重艰巨。各地区、各有关部门要切实处理好经济社会发展和生态文明建设的关系，按照“地方履行属地责任、部门强化行业管理”的要求，明确执法主体和责任主体，做到各司其职，恪尽职守，突出重点，综合整治，务求实效，以抓铁有痕、踏石留印的精神，依法依规狠抓贯彻落实，确保全国水环境治理与保护目标如期实现，为实现“两个一百年”奋斗目标和中华民族伟大复兴中国梦作出贡献。

土壤污染防治行动计划

国发〔2016〕31号

背景：土壤是经济社会可持续发展的物质基础，关系人民群众身体健康，关系美丽中国建设，保护好土壤环境是推进生态文明建设和维护国家生态安全的重要内容。当前，我国土壤环境总体状况堪忧，部分地区污染较为严重，已成为全面建成小康社会的突出短板之一。为切实加强土壤污染防治，逐步改善土壤环境质量，制定本行动计划。

总体要求：全面贯彻党的十八大和十八届三中、四中、五中全会精神，按照“五位一体”总体布局和“四个全面”战略布局，牢固树立创新、协调、绿色、开放、共享的新发展理念，认真落实党中央、国务院决策部署，立足我国国情和发展阶段，着眼经济社会发展全局，以改善土壤环境质量为核心，以保障农产品质量和人居环境安全为出发点，坚持预防为主、保护优先、风险管控，突出重点区域、行业和污染物，实施分类别、分用途、分阶段治理，严控新增污染、逐步减少存量，形成政府主导、企业担责、公众参与、社会监督的土壤污染防治体系，促进土壤资源永续利用，为建设“蓝天常在、青山常在、绿水常在”的美丽中国而奋斗。

工作目标：到 2020 年，全国土壤污染加重趋势得到初步遏制，土壤环境质量总体保持稳定，农用地和建设用地土壤环境安全得到基本保障，土壤环境风险得到基本管控。到 2030 年，全国土壤环境质量稳中向好，农用地和建设用地土壤环境安全得到有效保障，土壤环境风险得到全面管控。到本世纪中叶，土壤环境质量全面改善，生态系统实现良性循环。

主要指标：到 2020 年，受污染耕地安全利用率达到 90%左右，污染地块安全利用率达到 90%以上。到 2030 年，受污染耕地安全利用率达到 95%以上，污染地块安全利用率达到 95%以上。

一、开展土壤污染调查，掌握土壤环境质量状况

（一）深入开展土壤环境质量调查。在现有相关调查基础上，以农用地和重点行业企业用地为重点，开展土壤污染状况详查。

（二）建设土壤环境质量监测网络。统一规划、整合优

化土壤环境质量监测点位。

（三）提升土壤环境信息化管理水平。利用环境保护、国土资源、农业等部门相关数据，建立土壤环境基础数据库，构建全国土壤环境信息化管理平台。

二、推进土壤污染防治立法，建立健全法规标准体系

（四）加快推进立法进程。配合完成土壤污染防治法起草工作，到 2020 年，土壤污染防治法律法规体系基本建立。

（五）系统构建标准体系。健全土壤污染防治相关标准和技术规范，各地可制定严于国家标准的地方土壤环境质量标准。

（六）全面强化监管执法。明确监管重点，加大执法力度，将土壤污染防治作为环境执法的重要内容。

三、实施农用地分类管理，保障农业生产环境安全

（七）划定农用地土壤环境质量类别。按污染程度将农用地划为三个类别，未污染和轻微污染的划为优先保护类，轻度和中度污染的划为安全利用类，重度污染的划为严格管控类。以耕地为重点，分别采取相应管理措施，保障农

产品质量安全。

（八）切实加大保护力度。各地要将符合条件的优先保护类耕地划为永久基本农田，实行严格保护，防控企业污染。

（九）着力推进安全利用。强化农产品质量检测。加强对农民、农民合作社的技术指导和培训。2017 年底前，出台受污染耕地安全利用技术指南。到 2020 年，轻度和中度污染耕地实现安全利用的面积达到 4 000 万亩。

（十）全面落实严格管控。实行耕地轮作休耕制度试点。到 2020 年，重度污染耕地种植结构调整或退耕还林还草面积力争达到 2 000 万亩。

（十一）加强林地草地园地土壤环境管理。严格控制林地、草地、园地的农药使用量，禁止使用高毒、高残留农药。

四、实施建设用地准入管理，防范人居环境风险

（十二）明确管理要求。建立调查评估制度，调查评估结果向所在地环境保护、城乡规划、国土资源部门备案。分用途明确管理措施，逐步建立污染地块名录及其开发利用的负面清单，合理确定土地用途。

（十三）落实监管责任。地方各级城乡规划部门要结合土壤环境质量状况，加强城乡规划论证和审批管理。

（十四）严格用地准入。将建设用地土壤环境管理要求纳入城市规划和供地管理，土地开发利用必须符合土壤环境质量要求。

五、强化未污染土壤保护，严控新增土壤污染

（十五）加强未利用地环境管理。按照科学有序原则开发利用未利用地，防止造成土壤污染。

（十六）防范建设用地新增污染。自 2017 年起，有关地方人民政府要与重点行业企业签订土壤污染防治责任书，明确相关措施和责任，责任书向社会公开。

（十七）强化空间布局管控。加强规划区划和建设项目布局论证，根据土壤等环境承载能力，合理确定区域功能定位、空间布局。

六、加强污染源监管，做好土壤污染预防工作

（十八）严控工矿污染。加强日常环境监管，严防矿产资源开发污染土壤，加强涉重金属行业污染防控，加强工业废物处理处置。

（十九）控制农业污染。合理使用化肥农药，加强废弃农膜回收利用，加强灌溉水水质管理，开展灌溉水水质监测。

（二十）减少生活污染。建立政府、社区、企业和居民协调机制，通过分类投放收集、综合循环利用，促进垃圾减量化、资源化、无害化。

七、开展污染治理与修复，改善区域土壤环境质量

（二十一）明确治理与修复主体。按照“谁污染，谁治理”原则，造成土壤污染的单位或个人要承担治理与修复的主体责任。

（二十二）制定治理与修复规划。各省（区、市）要以影响农产品质量和人居环境安全的突出土壤污染问题为重点，制定土壤污染治理与修复规划，明确重点任务、责任单位和分年度实施计划，建立项目库。

（二十三）有序开展治理与修复。确定治理与修复重点，到2020年，受污染耕地治理与修复面积达到1 000万亩。强化治理与修复工程监管，实行土壤污染治理与修复终身责任制，2017年底前，出台有关责任追究办法。

（二十四）监督目标任务落实。各省级环境保护部门要定期向环境保护部报告土壤污染治理与修复工作进展；环境保护部要会同有关部门进行督导检查。

八、加大科技研发力度，推动环境保护产业发展

（二十五）加强土壤污染防治研究。优化整合科技计划（专项、基金等），支持土壤污染防治研究。

（二十六）加大适用技术推广力度。建立健全技术体系，根据试点情况，比选形成一批易推广、成本低、效果好的适用技术。加快成果转化应用。

（二十七）推动治理与修复产业发展。放开服务性监测市场，鼓励社会机构参与土壤环境监测评估等活动。发挥“互联网+”在土壤污染治理与修复全产业链中的作用，推进大众创业、万众创新。

九、发挥政府主导作用，构建土壤环境治理体系

（二十八）强化政府主导。完善管理体制。按照“国家统筹、省负总责、市县落实”原则，完善土壤环境管理体制，全面落实土壤污染防治属地责任。加大财政投入，中央和地方各级财政加大对土壤污染防治工作的支持力度。完善激励政策，各地要采取有效措施，激励相关企业参与土壤污染治理与修复。建设综合防治先行区。

（二十九）发挥市场作用。通过政府和社会资本合作（PPP）模式，发挥财政资金撬动功能，带动更多社会资本参与土壤污染防治。有序开展重点行业企业环境污染强制

责任保险试点。

（三十）加强社会监督。推进信息公开。根据土壤环境质量监测和调查结果，适时发布全国土壤环境状况。引导公众参与。实行有奖举报，鼓励公众通过“12369”环保举报热线、信函、电子邮件、政府网站、微信平台等途径，对乱排废水、废气，乱倒废渣、污泥等污染土壤的环境违法行为进行监督。鼓励依法对污染土壤等环境违法行为提起公益诉讼，地方各级人民政府和有关部门应当积极配合司法机关的相关案件办理工作和检察机关的监督工作。

（三十一）开展宣传教育。制定土壤环境保护宣传教育工作方案。制作挂图、视频，出版科普读物，利用互联网、数字化放映平台等手段，结合世界地球日、世界环境日、世界土壤日、世界粮食日、全国土地日等主题宣传活动，普及土壤污染防治相关知识，加强法律法规政策宣传解读，营造保护土壤环境的良好社会氛围，推动形成绿色发展方式和生活方式。

十、加强目标考核，严格责任追究

（三十二）明确地方政府主体责任。地方各级人民政府是实施本行动计划的主体，要于 2016 年底前分别制定并公布土壤污染防治工作方案，确定重点任务和工作目标。

（三十三）加强部门协调联动。建立全国土壤污染防治工作协调机制，定期研究解决重大问题。

（三十四）落实企业责任。有关企业要加强内部管理，将土壤污染防治纳入环境风险防控体系，严格依法依规建设和运营污染治理设施，确保重点污染物稳定达标排放。

（三十五）严格评估考核。实行目标责任制。分年度对各省（区、市）重点工作进展情况进行评估，2020 年对本行动计划实施情况进行考核，评估和考核结果作为对领导班子和领导干部综合考核评价、自然资源资产离任审计的重要依据。评估和考核结果作为土壤污染防治专项资金分配的重要参考依据。

我国正处于全面建成小康社会决胜阶段，提高环境质量是人民群众的热切期盼，土壤污染防治任务艰巨。各地区、各有关部门要认清形势，坚定信心，狠抓落实，切实加强污染治理和生态保护，如期实现全国土壤污染防治目标，确保生态环境质量得到改善、各类自然生态系统安全稳定，为建设美丽中国、实现“两个一百年”奋斗目标和中华民族伟大复兴的中国梦作出贡献。